Maria Arif
Taha Arif
Aadil Omer

Correlação entre p53 e MDA no CaP

Maria Arif
Taha Arif
Aadil Omer

Correlação entre p53 e MDA no CaP

ScienciaScripts

Imprint
Any brand names and product names mentioned in this book are subject to trademark, brand or patent protection and are trademarks or registered trademarks of their respective holders. The use of brand names, product names, common names, trade names, product descriptions etc. even without a particular marking in this work is in no way to be construed to mean that such names may be regarded as unrestricted in respect of trademark and brand protection legislation and could thus be used by anyone.

Cover image: www.ingimage.com

This book is a translation from the original published under ISBN 978-3-330-65260-6.

Publisher:
Sciencia Scripts
is a trademark of
Dodo Books Indian Ocean Ltd. and OmniScriptum S.R.L publishing group

120 High Road, East Finchley, London, N2 9ED, United Kingdom
Str. Armeneasca 28/1, office 1, Chisinau MD-2012, Republic of Moldova, Europe
Managing Directors: Ieva Konstantinova, Victoria Ursu
info@omniscriptum.com

Printed at: see last page
ISBN: 978-620-8-40191-7

Conteúdo

DEDICADO A

Os meus pais e os meus professores mais respeitados

Pelo seu imenso amor, carinho, apoio, compreensão e paciência .

Reconhecimento

Sou de facto humilde e grato a ALLAH, que me concedeu a sua bondade e facilitou o meu trabalho. Este esforço académico do intelecto aumentou a minha fé, pois deu-me a sensação de que o meu conhecimento foi aumentado.

Para realizar o meu trabalho, tive a ajuda de uma das melhores universidades académicas do mundo. A Universidade NUST e a Faculdade de Medicina do Exército, juntamente com instalações de investigação de ponta, optimizaram a minha investigação. Não poderia ter sido bem sucedido sem o apoio da excelente equipa do Departamento de Bioquímica liderada pelo Major-General Abdul Khaliq Naveed (AM Collage).

Em primeiro lugar, gostaria de expressar a minha sincera gratidão ao meu supervisor, o tenente-coronel Amir Rashid, pelo apoio contínuo ao meu estudo e investigação MPhil, pela sua paciência, motivação, entusiasmo e imenso conhecimento. Estou-lhe muito grato pela sua orientação e supervisão constante, bem como por fornecer as informações necessárias sobre o projeto e também pelo seu apoio na conclusão do projeto. A sua orientação ajudou-me durante a investigação e a redação desta tese. Não poderia ter imaginado ter um melhor supervisor e mentor para o meu estudo de mestrado.

Para além do meu supervisor, gostaria de agradecer à Dra. Asifa Majeed, a Sohail Razzak, a Zia Farooqi, à Sra. Irum (bioestatística) e a Aqeel Younas pelo seu encorajamento e comentários perspicazes.

Gostaria de agradecer ao Brig Waqar e ao Tenente-Coronel Zahoor, do Armed Force Institute of Urology, Combined Military Hospital, Rawalpindi, por me ajudarem a definir os critérios de inclusão e por me permitirem recolher amostras no seu instituto.

Agradeço a todos os meus amigos pelas discussões estimulantes, pelo seu encorajamento, pelo trabalho em conjunto antes dos prazos e por toda a diversão que tivemos nos últimos dois anos. Os meus agradecimentos e apreciações vão também para o meu colega no desenvolvimento do projeto e para as pessoas que me ajudaram de boa vontade.

Os meus sinceros agradecimentos vão também para os meus pacientes e indivíduos de controlo, que participaram no meu projeto e tornaram o meu projeto possível. Rezo por uma boa saúde para todos eles.

Por último, mas não menos importante, gostaria de exprimir a minha gratidão à minha família, aos meus pais: Muhammad Arif e Amna Zareen, que me apoiaram espiritualmente ao longo da minha vida. Gostaria de agradecer a sua amável cooperação e encorajamento, que me ajudaram a concluir este projeto. No entanto, este projeto não teria sido possível sem o seu apoio. Gostaria também de estender os meus sinceros agradecimentos ao meu marido e à minha irmã. Rezo para que o seu trabalho seja facilitado.

Lista de abreviaturas

Sr No.		
1	CaP	Prostate cancer
2	p53	Tumor suppressor gene
3	MDA	Malondialdehyde
4	ROS	Reactive oxygen species
5	qPCR	Qualitative polymerase chain reaction
6	ELISA	Enzyme linked immune sorbent assay
7	US	United states
8	CRPC	Castration resistant prostate cancer
9	UK	United Kingdom
10	RT	Radiation therapy
11	AST	Androgen suppressive therapy
12	PSA	Prostate specific antigen
13	AR	Androgen receptor
14	DNA	Deoxyribonucleic acid
15	MSCC	`Metastatic spinal cord compression
16	DRE	Digital rectal examination
17	mRNA	Messenger ribonucleic acid
18	BPH	Benign prostate hyperplasia
19	CREAM	Centre for research in experimental and applied medicine

20	RNA	Ribonucleic acid
21	TURP	Trans Urethral resection of prostate
22	MT	Melting temperature
23	H &E stain	Hematoxylin& eosin stain
24	NCBI	National Center for Biotechnology Information
25	PCR	Polymerase chain reaction
26	EDTA	Ethylene diamine tetra acetic acid
27	TAE	Tris acetate EDTA
28	DTT	dithiothreitol
29	PK	Proteinase K
30	cDNA	Complimentary deoxyribonucleic acid
31	EB	Ethidium bromide
32	BPB	Bromo phenol blue
33	UV	Ultra violet
34	HRP	Horse raddish peroxidase
35	C_T	Cycle threshold

Capítulo 1

ABSTARCT:

Antecedentes: O cancro da próstata (CaP) é a neoplasia maligna sólida não dermatológica mais frequentemente diagnosticada, com uma elevada taxa de metastização. A prevalência crescente de sobreviventes de cancro foi estimada em mais de 28 milhões em todo o mundo. O CaP é o segundo cancro mais frequente nos homens dos EUA, tendo sido registada uma incidência elevada no Reino Unido, em homens africanos, brasileiros e paquistaneses. Desempenha um papel fundamental na metástase do cancro. Verificou-se que o gene supressor de tumores, p53, se encontra no centro de vias biológicas importantes O malondialdeído sérico (MDA) é um índice in vivo conveniente da peroxidação lipídica. Trata-se de um biomarcador não invasivo do stress oxidativo. As espécies reactivas de oxigénio (ROS) podem ativar algumas vias de sinalização específicas que contribuem para o desenvolvimento do tumor, regulando a proliferação celular, a angiogénese e os processos de metástases. O presente estudo foi concebido para determinar a correlação entre a expressão de p53 e os níveis de MDA no CaP, em comparação com o controlo normal.

Métodos: Trata-se de um estudo analítico transversal realizado no Department of Biochemistry & Molecular Biology & Department of Urology, Rawalpindi, National University of Science and Technology, Islamabad, durante um período de um ano. O estudo incluiu 26 amostras. A expressão de p53 e os níveis de MDA foram determinados por qPCR em tempo real e pela técnica ELISA, respetivamente.

Resultados: Verificou-se que o CaP é uma doença relacionada com a idade. Comparámos o valor médio de MDA no CaP e no grupo de controlo e a diferença foi estatisticamente significativa (p=0,002). A pontuação de Gleason 8 mostrou um aumento estatisticamente significativo do MDA em comparação com o grupo de controlo entre todas as outras pontuações de Gleason (6, 7 e 9). Não se registou um aumento significativo nos diferentes grupos de pontuação de Gleason 6, 7, 8 e 9. A temperatura óptima de recozimento necessária para o recozimento dos nossos primers concebidos em condições óptimas foi de 55,6° C. Comparámos o valor CT médio do CaP com o do grupo de controlo e a diferença foi estatisticamente significativa ($p<0,05$). A expressão do p53 diminuiu 0,18 vezes no CaP em comparação com o grupo de controlo. Verificou-se uma correlação inversa fraca entre a expressão de p53 e MDA no grupo CaP.

Conclusões: O MDA pode ser utilizado como marcador biológico para determinar a progressão do CaP. A expressão do p53 também pode ser utilizada como um bom marcador biológico para o diagnóstico do CaP. Além disso, devem ser efectuados mais estudos para encontrar a via envolvida na correlação inversa da expressão de p53 e MDA no CaP.

PALAVRAS-CHAVE: Cancro da próstata (CaP), Malondialdeído (MDA), pontuação de Gleason

Capítulo 2

INTRODUÇÃO:

2.1 História:

O fator de transcrição p53 é codificado pelo gene *TP53*, que está localizado no cromossoma 17q13 (Zhang et al., 2011). O gene p53 e a sua proteína codificada desempenham um papel central na regulação da progressão do ciclo celular, na reparação do ADN, no crescimento celular e na apoptose (Zhang et al., 2011).

2.2 Prevalência:

O cancro é o principal problema de saúde pública em muitas partes do mundo, incluindo os Estados Unidos (Siegel et al., 2012a). Atualmente, um em cada dois homens nos Estados Unidos desenvolverá cancro durante a sua vida (Siegel et al., 2012a). A prevalência crescente de sobreviventes de cancro foi estimada em mais de 28 milhões em todo o mundo (Corkum et al., 2013). O cancro da próstata (CaP) é o segundo cancro mais comum nos homens nos Estados Unidos (EUA) (Macbeth, 2008, Chappell et al., 2012). O CaP é também a segunda principal causa de morte por cancro nos homens nos EUA (Sethi et al., 2013), com uma estimativa de 192 000 novos casos e 27 000 mortes em 2009 (Zhang et al., 2011). É responsável por cerca de um terço dos casos notificados de doenças da próstata (Chappell et al., 2012). O cancro da próstata metastático, ao progredir para cancro da próstata resistente à castração (CRPC), representa uma grande ameaça para a vida dos homens americanos, resultando em cerca de 577 190 mortes por esta doença (Siegel et al., 2012b). De acordo com um artigo de 2013, é a neoplasia maligna mais comum entre os homens americanos (Grant et al., 2013). O número estimado de sobreviventes de cancro nos EUA, por local, em 1 de janeiro de 2012, é de 43%, e será de 45% nos próximos dez anos, em 1 de janeiro de 2022 (Siegel et al., 2012a). O CaP é a neoplasia sólida maligna mais frequentemente diagnosticada e a segunda causa mais comum de mortes relacionadas com o cancro nos homens nos países desenvolvidos (Pathak et al., 2008). No Reino Unido (RU), é provável que a incidência duplique nos próximos vinte anos (Pathak et al.,

2008). O CaP afecta mais os homens africanos do que os homens caucasianos (Ani et al., 2013). O cancro da próstata tem a maior incidência entre os tumores urológicos na população brasileira (Piantino et al., 2013). O CaP continua a ser o tumor não dermatológico mais comum e a segunda principal causa de morte por cancro nos homens ocidentais (Ayres e Sooriakumaran, 2013) devido à sua elevada prevalência e taxa de metástases (Jemal et al., 2010).

2.3 Fator de risco:

Muitos estudos provaram que o cancro é uma doença geneticamente ligada (Vogelstein e Kinzler, 2004), que se caracteriza pela mutação de vários genes relacionados com o cancro, por exemplo, genes supressores de tumores e oncogenes (Wood et al., 2007). O CaP é um importante problema de saúde mundial (Mittal et al., 2011). O CaP é uma das principais doenças malignas relacionadas com a idade, mais prevalente entre os 54 e os 74 anos (Parkin et al., 2005). A sua principal causa é o fator genético (McDowell et al., 2013). Embora o carcinoma da próstata metastático avançado metastize habitualmente para os gânglios linfáticos regionais e para os ossos vertebrais, é rara a metástase para o peritoneu que conduz a ascite maligna (Ani et al., 2013).

Num estudo, verificou-se que o gene TP53 estava alterado no CaP (Sethi et al., 2013). A via do p53 é importante no desenvolvimento e progressão do CaP (Sethi et al., 2013). A expressão anormal da proteína p53 está associada a um pior prognóstico após radiação (RT) e terapia de supressão de androgénio (AST) (D'Amico et al., 2008)

2.4 Importância do biomarcador:

O aumento dos níveis de antigénio específico da próstata (PSA) é frequentemente observado no CaP, mas também é referido que existe um aumento do PSA na doença inflamatória benigna da próstata (Merendino et al., 2003).

Embora o crescimento tenha sido mais limitado na presença de p53 funcional, o crescimento de colónias de cancro da próstata foi mais prevalente quando a atividade de transcrição de p53 diminuiu.

O estado funcional do supressor de tumor p53 é mais importante na progressão do cancro da próstata (Chappell et al., 2012). A proteína supressora de tumores p53 dirige o efeito global do tratamento (Chappell et al., 2012).

O p53 é um biomarcador importante, que nos ajuda a monitorizar a conversão do CaP em cancro da próstata resistente à castração (CRPC) (Liu et al., 2013). De facto, o p53 controla o gene do recetor de androgénio (AR), que restringe a transição do cancro da próstata para CRPC (Dean e Knudsen, 2013). Verificou-se que o gene supressor de tumores, p53, está no centro de importantes vias biológicas (Sethi et al., 2013)

O MDA sérico é um índice in vivo conveniente da peroxidação lipídica e um biomarcador não invasivo do stress oxidativo (Merendino et al., 2003). Num estudo, é indicado que o MDA pode ser utilizado para a avaliação prognóstica do CaP localizado (Dillioglugil et al., 2012).

Capítulo 3

REVISÃO DA LITERATURA:

3.1 Fator de risco:

Está provado que o cancro é uma doença que está associada ao nível molecular (Vogelstein e Kinzler, 2004). O cancro é caracterizado por mutações em vários genes, que estão envolvidos na regulação, por exemplo; genes supressores de tumores, oncogenes (Wood et al., 2007). Em todos os outros factores, a história familiar de cancro da próstata é um fator de risco essencial (Goh et al., 2013, McDowell et al., 2013). O cancro da próstata hereditário é caracterizado por uma herança autossómica dominante mendeliana (Dvoracek, 1998). Trata-se de uma doença de início precoce (Dvoracek, 1998). De acordo com um estudo, o desequilíbrio entre oxidantes e antioxidantes pode ser um dos principais factores responsáveis pelo desenvolvimento do cancro da próstata e da hiperplasia benigna da próstata (Srivastava e Mittal, 2005). A origem do cancro da próstata é heterogénea, podendo envolver tanto factores genéticos como ambientais (Zhang et al., 2011).

O gene supressor de tumores, p53, sofre frequentemente mutações na doença, das quais 93,6% são mutações pontuais que resultam em substituições de um único aminoácido (Vousden e Lu, 2002).

As espécies reactivas de oxigénio (ROS) podem ativar algumas vias de sinalização específicas que contribuem para o desenvolvimento do tumor, regulando a proliferação celular, a angiogénese e os processos de metástase (Rebillard et al., 2013). As ROS podem também induzir instabilidade genética (Rebillard et al., 2013). A dieta ocidental rica em gordura pode estar correlacionada com o carcinoma da próstata (Dvoracek, 1998).

3.2 Complicações:

O CaP é uma das principais causas de morbilidade e mortalidade nos homens da sociedade ocidental (Perryman et al., 2006). Os aldeídos altamente reactivos, produtos da peroxidação lipídica, são capazes de modificar tanto o ácido desoxirribonucleico (ADN) como as proteínas, resultando em eventos mutagénicos, genotóxicos e citotóxicos (Merendino et al., 2003). A ascite maligna no cancro da próstata é um sinal de mau prognóstico (Ani et al., 2013). O cancro da próstata é a segunda causa mais comum de compressão metastática da medula espinal (CCM) (Constans et al., 1983, Schaberg e Gainor, 1985).

3.3 Diagnóstico:

Em termos de marcador de diagnóstico, o PSA sérico elevado não é específico da doença maligna da próstata e >50% dos homens submetidos a biópsia após um resultado de PSA elevado são diagnosticados com cancro da próstata, uma taxa de falsos positivos inaceitavelmente elevada tendo em conta os riscos da biópsia (Sita-Lumsden et al., 2013).

A maioria dos casos de CaP é agora detectada numa fase inicial através da utilização do exame rectal digital (DRE) em combinação com o PSA (Huo et al., 2012). O diagnóstico e o tratamento excessivos do cancro da próstata de baixo risco têm problemas graves e efeitos secundários duradouros, como a perda de potência sexual (Huo et al., 2012, Siegeletal.,2012a).

3.4 Biomarcadores:

As caraterísticas morfológicas da apoptose são induzidas pelo p53 no CaP (Piantino et al., 2013). Não foram encontradas diferenças significativas entre o risco total de cancro da próstata e o polimorfismo do codão p53 (Zhang et al., 2011). Em 2011, foi relatado que a expressão positiva do ácido ribonucleico mensageiro (mRNA) do p53 mutado estava envolvida no cancro da próstata ($p<0,05$) (Ding et al., 2011). Em 2011, também foi encontrada uma associação significativa de mutação no gene p53 no CaP na população do norte da Índia (Mittal et al., 2011). O índice apoptótico foi reduzido com um aumento significativo da imuno-reatividade do p53 no CaP (Zeng et al., 2004). Mesmo após a terapia de supressão de radiação e androgénio, tanto o parâmetro PSA como a expressão do p53 foram significativamente elevados nos homens com CaP em comparação com o grupo de controlo (D'Amico et al., 2008). O p53 tem um papel importante no CaP (Chappell et al., 2012). Desempenha um papel fundamental na metástase do cancro (Ren et al., 2013). Se um paciente imunocompetente for tratado com transferência de genes de p53, isso resultará fortemente na rejeição do tumor ($p < 0,05$) (Nande et al., 2013).

Não foram observadas alterações significativas no produto de peroxidação lipídica malondialdeído no tecido da próstata e no plasma, como resultado da administração de licopeno (van Breemen et al., 2011). Embora os doentes com cancro da próstata avançado estejam sujeitos a um elevado stress oxidativo, conforme determinado pelo aumento da suscetibilidade dos lípidos séricos à peroxidação, essa associação não foi detectada nos doentes com cancro localizado (Yossepowitch et al., 2007), mas está confirmado que existe um desequilíbrio entre o stress oxidativo e o estado antioxidante nos doentes com CaP (Arsova-Sarafinovska et al., 2009). Verificou-se uma forte intensificação da peroxidação lipídica e a acumulação dos seus produtos finais em doentes com cancro (Zibzibadze et al., 2009). Os níveis de MDA no plasma e nos tecidos foram significativamente elevados no carcinoma maligno em comparação com o controlo (Guzel et al., 2012, 0zmen et al., 2006). O MDA sérico também era elevado no CaP (Pande et al., 2012), bem como em doentes com hiperplasia benigna da próstata (BPH), em comparação com o controlo, tanto na população macedónia como na turca (Arsova-Sarafinovska et al., 2009). O stress oxidativo está associado ao carcinoma da próstata (Paschos et al., 2013). Registou-se uma forte correlação entre os níveis sanguíneos e tecidulares de MDA (Dillioglugil et al., 2012). Também houve uma relação significativa ($p<0,05$) entre o indicador prognóstico de CaP e os níveis de MDA no sangue e nos tecidos (Dillioglugil et al., 2012). Na população italiana, os pacientes com HBP revelaram um aumento dos níveis de MDA e tiveram uma correlação positiva entre os níveis de PSA e MDA (Merendino et al., 2003).

Capítulo 4

MATERIAL E MÉTODOS:

4.1 Aprovação do Comité de Ética:

O estudo foi realizado após aprovação do Comité de Ética, Army Medical College, Rawalpindi. Foi obtido o consentimento informado de cada doente pelo médico assistente.

4.2 Localização do estudo:

O estudo foi efectuado no Department of Biochemistry & Molecular Biology, Army Medical College, Rawalpindi, no Center for Research in Experimental and Applied Medicine (CREAM).

4.3 Duração do estudo:

A duração do estudo foi de um ano, de novembro de 2012 a novembro de 2013.

4.4 Colheita de amostras Biopsia/Sangue (doente/controlo):

Foram recolhidas amostras de biópsia da próstata, bem como amostras de sangue coagulado (3 ml) de 16 doentes com cancro da próstata e 16 controlos saudáveis normais (entre 55 e 85 anos). A história foi recolhida e documentada pelo médico especialista em causa, no Armed Forced Institute of Urology, Combined Military Hospital Rawalpindi. Todas as secções de tecido da próstata foram colhidas dos doentes com hiperplasia benigna da próstata e cancro da próstata por ressecção transuretral da próstata (TURP).

4.5 Transporte de amostras:

As amostras de biopsia recolhidas foram transportadas em azoto líquido para evitar a degradação do ácido ribonucleico (ARN) e para obter um rendimento máximo de ARN de alta qualidade. O soro foi separado do sangue total por centrifugação. As amostras foram armazenadas a -80º C até à realização de novas experiências.

4.6 Critérios do doente:

4.6.1 Critérios de inclusão:

Doentes recomendados para biópsia da próstata pela primeira vez após interpretação clínica e diagnosticados como caso de cancro da próstata benigno e/ou maligno.

4.6.2 Critérios de exclusão:

Foram excluídos do estudo todos os doentes que já estavam a fazer radio ou quimioterapia ou terapia de privação de androgénios.

4.7 Histopatologia de tecidos:

4.7.1 Correção:

As amostras da biopsia da próstata foram fixadas em formalina a 10%.

4.7.2 Desidratação:

Os espécimes de tecido da próstata foram desidratados através da incubação dos espécimes durante uma hora em álcool a 80%, uma hora em álcool a 95%, uma hora em álcool a 100% e depois com uma segunda incubação durante uma hora com álcool fresco a 100%.

4.7.3 Limpar:

As amostras de biopsia da próstata foram limpas por duas etapas repetidas de incubação, durante duas horas, em xileno.

4.7.4 Infiltração:

Foi utilizada cera de parafina quente para a infiltração, com uma temperatura de fusão (TM) de 56 - 58^0 C, durante duas horas. O passo foi repetido.

4.7.5 Incorporação:

A cera de parafina, TM 56 - 58^0 C, foi utilizada para o processo de incorporação após a infiltração. Foram utilizados moldes metálicos para preparar os bloqueios. A cera de parafina derretida foi preenchida em cada molde e o tecido foi cuidadosamente colocado no centro do molde. O molde foi então deixado arrefecer à temperatura ambiente. Em seguida, foi transferido para o frigorífico.

4.7.6 Seccionamento:

A secção foi feita colocando o bloco no suporte de blocos do micrótomo rotativo. Em seguida, foram feitas secções de 4 -5 µm de espessura e colocadas em banho-maria a uma temperatura de 45° C. As secções foram feitas separadamente em duas lâminas diferentes revestidas com adesivo (albumina). Os vincos foram removidos cortando as lâminas horizontalmente num banho de álcool a 60%. As lâminas foram mantidas em posição inclinada, drenando o excesso de água durante 30 minutos. As secções foram secas numa placa quente a 60° C durante ~ 15 - 30 minutos.

4.7.7 Coloração:

As lâminas preparadas para confirmar o carcinoma foram coradas com Hemotoxilina e Eosina (coloração H & E). As secções coradas foram montadas com bálsamo do Canadá e cobertas com lamelas. A secção foi observada ao microscópio com a potência adequada.

4.8 Conceção de primários:

Com base na sequência de p53 previamente disponível no National Centre for Biotechnology Information (NCBI), foram concebidos iniciadores utilizando diferentes ferramentas de laboratório seco, ou seja, reação em cadeia da polimerase eletrónica (PCR) e Oligo calc. Os primers foram também comparados com outros programas informáticos. Os iniciadores foram concebidos com base na proteína supressora de tumores (p53), variante transcrita, ARNm, do Homo sapiens, já disponível. As propriedades dos primers foram analisadas com Oligo Calc: Oligo Calc: Oligonucleotide Properties Calculator e Electronic PCR.

Quadro 1: Caraterísticas dos iniciadores

Primers	Primers Sequence	Annealing Temperature	Melting Temperature
Forward Primer	GCGCACAGAGGAAGAGAATC	55.6°C	60.10°C
Reverse Primer	CAAGGCCTCATTCAGCTCTC	55.6°C	60.10°C

4.8.1 Primário direto

Pares de bases mínimos necessários para a auto-dimerização do iniciador único:
5

Pares de bases mínimos necessários para um hairpin: 4

Potencial formação de gancho de cabelo: Nenhum!

3' Complementaridade: Nenhuma!

Todos os potenciais locais de auto-reconhecimento estão marcados a vermelho (permitindo 1 erro de correspondência): Nenhum !

Oligo Calculator

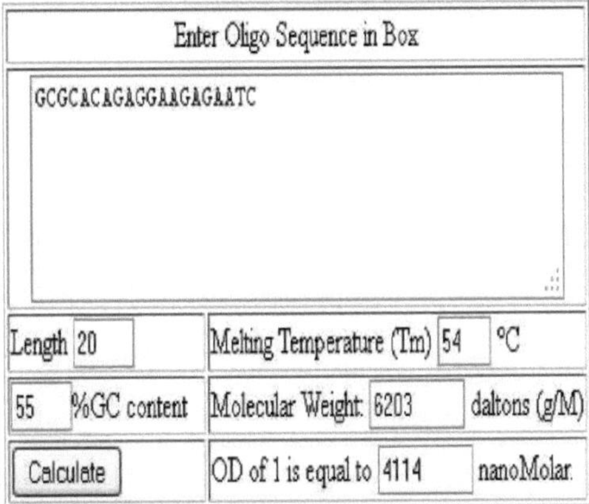

Required Tm= Known Tm + 16.6log (required salt concentration / 0.195M), where the Known Tm is calculated from 0.195M using the OligoCalculator.

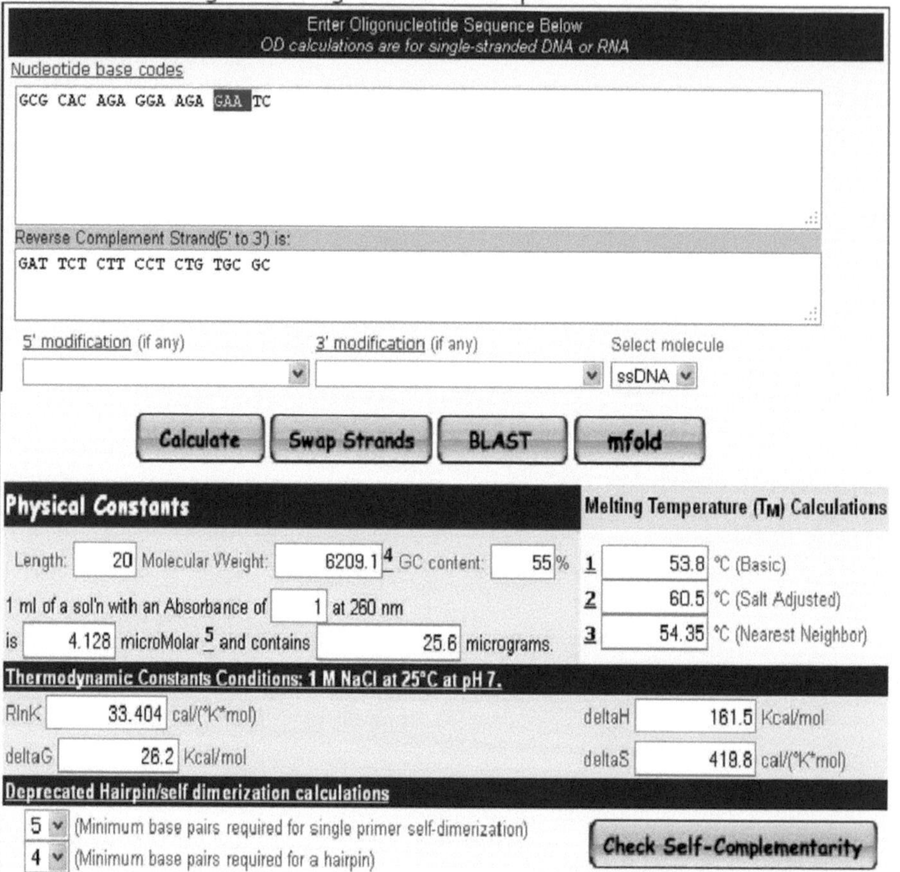
Oligo Calc: Oligonucleotide Properties Calculator
Enter Oligonucleotide Sequence Below
OD calculations are for single-stranded DNA or RNA
Nucleotide base codes
GCG CAC AGA GGA AGA GAA TC
Reverse Complement Strand(5' to 3') is:
GAT TCT CTT CCT CTG TGC GC
5' modification (if any)
3' modification (if any)
Select molecule
ssDNA
Calculate
Swap Strands
BLAST
mfold
Physical Constants
Melting Temperature (TM) Calculations
Length: 20 Molecular Weight: 6209.1 4 GC content: 55 %
1 53.8 °C (Basic)
2 60.5 °C (Salt Adjusted)
3 54.35 °C (Nearest Neighbor)
1 ml of a sol'n with an Absorbance of 1 at 260 nm
is 4.128 microMolar 5 and contains 25.6 micrograms.
Thermodynamic Constants Conditions: 1 M NaCl at 25°C at pH 7.
RlnK 33.404 cal/(°K*mol)
deltaH 161.5 Kcal/mol
deltaG 26.2 Kcal/mol
deltaS 419.8 cal/(°K*mol)
Deprecated Hairpin/self dimerization calculations
5 (Minimum base pairs required for single primer self-dimerization)
4 (Minimum base pairs required for a hairpin)
Check Self-Complementarity

4.8.2 Primário inverso

Oligo Calc: Oligonucleotide Properties Calculator

Enter Oligonucleotide Sequence Below
OD calculations are for single-stranded DNA or RNA

Nucleotide base codes

CAA GGC CTC ATT CAG CTC TC

Reverse Complement Strand(5' to 3) is:

GAG AGC TGA ATG AGG CCT TG

5' modification (if any) | 3' modification (if any) | Select molecule: ssDNA

50 nM Primer
50 mM Salt (Na^+)
1 Measured Absorbance at 260 nanometers

Calculate | Swap Strands | BLAST | mfold

Physical Constants

Length: 20 Molecular Weight: 6013 [4] GC content: 55 %

1 ml of a sol'n with an Absorbance of 1 at 260 nm is 5.122 microMolar [5] and contains 30.8 micrograms.

Melting Temperature (T_M) Calculations

1 53.8 °C (Basic)
2 60.5 °C (Salt Adjusted)
3 54.25 °C (Nearest Neighbor)

Thermodynamic Constants Conditions: 1 M NaCl at 25°C at pH 7.

RlnK 33.404 cal/(°K*mol)
deltaH 157.2 Kcal/mol
deltaG 25.7 Kcal/mol
deltaS 407.6 cal/(°K*mol)

Deprecated Hairpin/self dimerization calculations

5 (Minimum base pairs required for single primer self-dimerization)
4 (Minimum base pairs required for a hairpin)

Check Self-Complementarity

Pares de bases mínimos necessários para a auto-dimerização do iniciador único: 5
Pares de bases mínimos necessários para um hairpin: 4

Potencial formação de gancho de cabelo: Nenhum!

3' Complementaridade: Nenhuma!

Todos os potenciais locais de auto-reconhecimento estão assinalados a vermelho (permitindo 1 incompatibilidade):

Nenhum!

Oligo Calculator

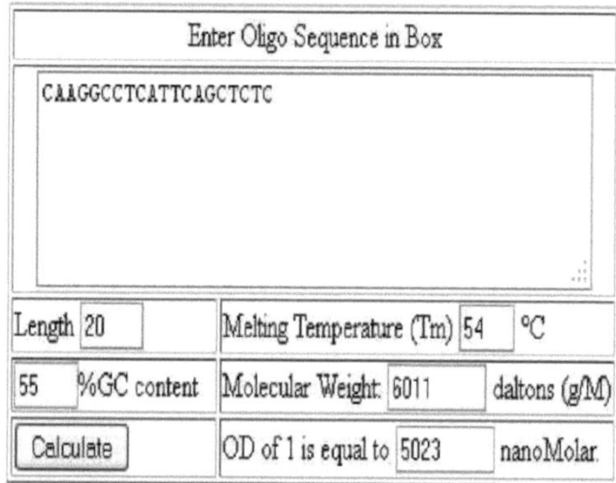

Required Tm= Known Tm + 16.6log (required salt concentration / 0.195M), where the Known Tm is calculated from 0.195M using the OligoCalculator.

4.9 Preparação de soluções (reagentes)

4.9.1 Formação de gel de agarose

4.9.1.1 Formação de um gel de agarose a 2%:

Foram adicionados 1,0 g de agarose a 45 ml de água destilada. Em seguida, foram adicionados 5 ml de tampão Tris acetato etileno diamina tetra acetato (EDTA) Tris acetato EDTA (TAE), já preparado em 10x. A solução foi colocada no micro-ondas durante 30 segundos. Em seguida, arrefeceu-se até 50° C e adicionou-se 5µl de brometo de etídio. A mistura foi vertida no tabuleiro de gel depois de colocar as cassetes e o pente nos respectivos lugares. Quando o gel estava suficientemente duro, o pente e as cassetes foram retirados e o reservatório foi enchido com tampão de corrida.

4.9.1.2 Formação de um gel de agarose a 1,5%:

Foram adicionados 0,75 gramas de agarose a 45 ml de água destilada. Em seguida, foram adicionados 5 ml de tampão Tris Acetato EDTA (TAE), que já estava preparado a 10x. A solução foi colocada no micro-ondas durante 30 segundos. Em seguida, arrefeceu-se até 50° C e adicionou-se 5µl de brometo de etídio. A mistura foi vertida no tabuleiro de gel depois de colocar as cassetes e o pente nos respectivos lugares. Quando o gel estava suficientemente duro, o pente e as cassetes foram retirados e o reservatório foi enchido com tampão de corrida.

4.9.2 Tampão Tris Acetato EDTA (TAE) 50X:

Pesaram-se cerca de 242 g de base Tris e adicionaram-se 57,1 ml de ácido acético glacial. Em seguida, adicionar 100 ml de EDTA 0,5M (pH 8) e 500 ml de água destilada. A solução foi completada até um volume de 1 litro.

4.9.3 Etanol 95%:

Misturaram-se 95 ml de etanol absoluto em 5 ml de água destilada.

4.9.4 Etanol 70%:

70 ml de etanol absoluto misturado com 30 ml de água destilada.

4.9.5 Brometo de etídio:

Dissolveu-se 1 grama de brometo de etídio em 100 ml de água. Para dissolver completamente o corante, agitou-se num agitador magnético durante algumas horas. A solução foi então transferida para um frasco escuro ou o seu recipiente foi embrulhado em folha de alumínio e armazenado à temperatura ambiente.

4.9.6 Tetraacetato de etilenodiamina 0,5 M (EDTA):

Adicionaram-se 1,86 g de sal sódico de EDTA a 5 ml de água destilada. O pH foi ajustado para 8 por adição de solução de hidróxido de sódio e o volume foi ajustado para 10 ml por adição de água destilada.

4.9.7 Acetato de sódio (3 M):

Dissolveram-se 4,08 g de acetato de sódio em 5,0 ml de água destilada com pH ajustado a 5,2 por adição de ácido acético glacial e o volume foi ajustado para 10 ml por adição de água destilada.

4.9.8 Tampão de lavagem (lx):

Diluiu-se 15 ml de tampão de lavagem concentrado (20x) com água desionizada para preparar 300 ml de tampão de lavagem (1x).

4.10 Purificação do ARN:

O Genei™ RNA Purification Kit (Ambion, EUA) foi utilizado para purificar o ARN total da biopsia da próstata. Os tampões foram preparados de acordo com o protocolo fornecido pelos fabricantes. Antes da primeira utilização, foram adicionados 10 ml de volume de etanol (96 - 100%) a 23 ml de Wash Buffer 1 (concentrado) e 39 ml de volume de etanol (96 - 100%) a 23 ml de Wash Buffer 2 (concentrado). A caixa de verificação foi marcada na tampa do frasco após a adição de etanol, de modo a indicar a conclusão da etapa. Antes do início de cada experiência de purificação do ARN, a quantidade necessária de tampão de lise foi suplementada com β-mercaptoetanol ou ditiotreitol (DTT). A cada volume de 1 ml de tampão de lise, foram adicionados 20 µl de 14,3 M de β-mercaptoetanol. Antes de cada utilização, o tampão de lise foi verificado quanto a precipitação de sal. Se houvesse precipitação de sal, este era redissolvido aquecendo a solução a 37° C. Em seguida, a solução era arrefecida até 25° C antes de ser utilizada. Todo o procedimento foi efectuado em condições asssépticas e com luvas.

4.11 Protocolo de purificação de ARN total de tecidos de mamíferos:

A quantidade necessária de tampão de lise foi suplementada com β-mercaptoetanol antes de iniciar o protocolo de purificação, ou seja, 20 µl de 14,3 M de β-mercaptoetanol foram adicionados a cada 1 ml de tampão de lise. Diluiu-se 10 µl de proteinase K (PK) para preparar a solução de PK em 590 µl de tampão Tris EDTA (tampão TE).

4.12 Extração de ARN de tecido de biopsia da próstata:

O eppendrof vazio foi pesado. O eppendrof com tecido foi novamente pesado. O tecido foi triturado sob fluxo laminar em 300 µl de tampão de lise, suplementado com β-mercaptoetanol. Foram adicionados 600 µl de PK diluída (10 µl de PK em 590 µl de tampão TE) e depois vortexados. A amostra foi incubada durante 10 minutos a 15 - 20° C. Em seguida, o tubo foi centrifugado durante 10 minutos a ≥ 12000 X g. O sobrenadante foi transferido para um novo tubo de microcentrifugação sem RNase. Foram adicionados 450 µl de etanol. A solução foi misturada por pipetagem. A solução de lisado de 800 µl foi transferida para a coluna de purificação Genei (Ambion, EUA), que foi inserida num tubo de recolha. A coluna foi centrifugada durante 1 minuto a ≥ 12000 X g. O fluxo foi eliminado. Em seguida, a coluna de purificação (Ambion, EUA) foi colocada de novo no tubo de recolha. Os passos foram repetidos até que toda a solução de lisado fosse transferida para a coluna. O tubo de recolha foi substituído por um novo. De seguida, adicionaram-se 700 µl de Wash Buffer 1 à coluna de purificação de ARN Genei (Ambion, EUA). O tubo foi centrifugado durante 1 minuto a ≥ 12000 X g. O fluxo foi descartado e a coluna de purificação foi recolocada no tubo de recolha. De seguida, adicionou 500 µl de Wash Buffer 2 à coluna de purificação de ARN Genei (Ambion, EUA). Novamente, o tubo foi centrifugado durante 1 minuto a ≥ 12000 X g. O fluxo foi descartado e a coluna de purificação (Ambion, EUA) foi recolocada no tubo de recolha. Foram adicionados 500 µl de Wash Buffer 2 à coluna de purificação de ARN Genei (Ambion, EUA) e a coluna foi centrifugada durante 2 minutos a ≥ 12000 X g. O tubo de recolha foi eliminado contendo a solução de escoamento. A coluna de purificação de RNA Genei (Ambion, EUA) foi transferida para um tubo de microcentrífuga estéril de 1,5 ml sem RNAase. De seguida, adicionaram-se 50µl de água sem nuclease ao centro da membrana de purificação Genei (Ambion, EUA). A membrana de purificação Genei (Ambion, EUA) foi incubada durante 2 minutos. O ARN foi eluído por centrifugação durante 1 minuto a ≥ 12000 X g. Mais de 95% do ARN foi extraído durante o primeiro passo de eluição. Para um rendimento máximo de ARN, o passo de extração foi repetido com 50 µl adicionais de água sem nuclease. A coluna de purificação foi deitada fora. Agora, o ARN foi armazenado a -20° C (durante 1 semana) ou a -80° C até ser utilizado posteriormente.

4.13 Síntese da primeira cadeia de cDNA:

O ARN total isolado foi então sujeito a uma síntese de desoxirribonucleótidos complementares (cDNA) de primeira linha utilizando o RevertAid Premium First Strand cDNA Synthesis Kit (Fermentas, Alemanha).

Os componentes do kit foram descongelados em gelo e centrifugados por breves instantes. Os seguintes reagentes foram adicionados a um tubo estéril (sem RNase) colocado no gelo pela seguinte ordem

ARN	total5µl	
Oligo (dT)	2µl	
Mistura de dNTP 10	mM1µl	mM (concentração final)
Tampão RT	5X4µl	
RevertAid Premium Enzyme Mix	1µl	
Água sem nuclease7	µl	
Volume final da reacção20	µl	

O tubo foi misturado suavemente e centrifugado. Para o Oligo (dT), o tubo foi incubado durante 30 minutos a 50° C. A reação foi terminada aquecendo o tubo durante 5 minutos a 85° C. O produto da reação de síntese da primeira cadeia de cDNA foi utilizado diretamente para a PCR.

4.14 Padronização da PCR do p53:

O cDNA sintetizado a partir do grupo de controlo foi utilizado para padronizar a amplificação de PCR para p53 em PCR convencional (termociclador). Foi utilizada uma gama de temperaturas para observar a amplificação máxima. A concentração de MgCl2 também foi tida em consideração ao otimizar a PCR.

A otimização foi conseguida seguindo o protocolo de reação de PCR:

cDNA2 µl

PCRBuffer2 .5µl

MgCl21 .5µl

dNTPs0 ,6 µl

Primário direto (pF) 0,3 µl

Primário inverso (pF) 0,3 µl

TaqPolimerase0 ,5µl

Água destilada em autoclave 17,3 µl

O programa PCR utilizado para a otimização foi:

O arranque a quente programado foi o arranque a 95oC durante 5 minutos

A desnaturação da cadeia foi efectuada a 94° C durante 30 segundos

O passo de recozimento dos iniciadores nas cadeias foi efectuado a 55,6° C durante 40 segundos

A extensão do produto foi obtida por aquecimento a 72° C durante 1 minuto

Extensão final a 72° C durante 10 minutos

Total de ciclos 35

Manter a 4 C°

Nota: Antes de iniciar a PCR, todos os reagentes foram descongelados em gelo, bem misturados e centrifugados para garantir uma melhor recuperação e homogeneidade. A reação de PCR foi sempre preparada em gelo.

4.15 Eletroforese em gel de agarose:

O produto da PCR do p53 foi visualizado através da passagem do produto em gel de agarose a 2% em tampão Tris-acetato-EDTA (TAE) durante 30 minutos a 80 volts. Solução de brometo de etídio (EB) a 0,1%.

foi adicionado a um gel de agarose a 2%. Foi adicionado azul de bromo-fenol (BPB) como corante de carga. O produto foi visualizado num transiluminador ultravioleta (UV).

4.15 PCR quantitativa

O cDNA sintetizado a partir de ARN de doentes com cancro da próstata e do grupo de controlo foi utilizado para amplificação por PCR para p53 em PCR em tempo real (Smartcycler).

O protocolo de reação de PCR optimizado foi:

SYBR® Green ER™ qPCR Super Mix Universal12	,5μl
Primário direto (pF)	0,3μl
Primário inverso (pF)	0,3 μl
cDNA6	μl
Taq Polimerase0	,5 μl
Nuclease freewater5	,4μl

O passo de desnaturação foi efectuado a 94° C durante 30 segundos

O recozimento dos primers foi efectuado a 55,6° C durante 40 segundos

Para prolongar o produto, o tubo foi deixado a aquecer a 72° C durante 1 minuto

O número total de ciclos na PCR foi de 35

Executámos cinco padrões em tubos triplicados no Smartcycler para PCR em tempo real. A curva padrão da PCR em tempo real é apresentada na figura 1.

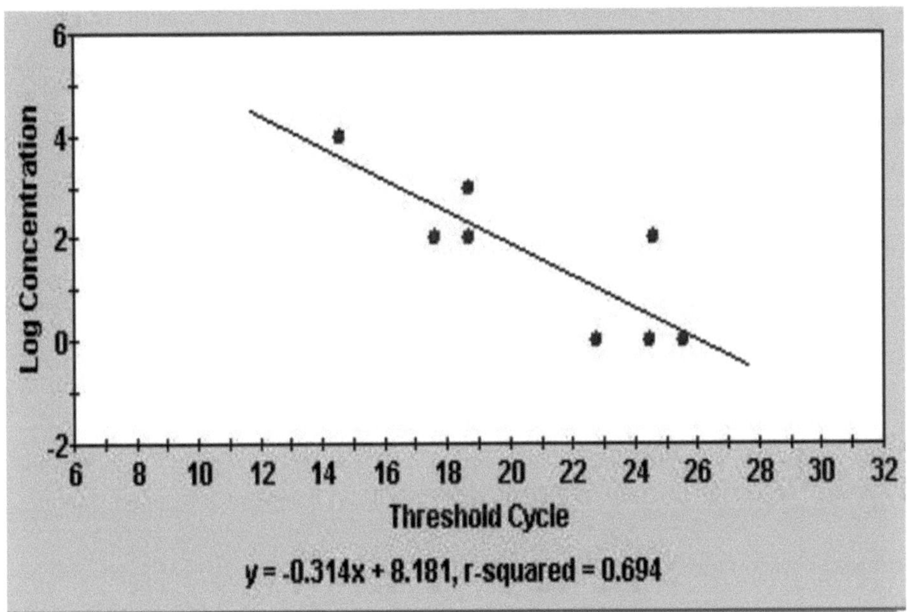

Figura 1: Relatório da curva padrão da expressão de p53

Coeficiente de correlação (valor R): 0.694

4.16 Determinação do MDA:

Os níveis de MDA no soro foram determinados por um kit de imunoensaio enzimático de inibição competitiva disponível no mercado, da CUSABIO BIOTECH CO, China. As amostras foram analisadas em lotes e o teste foi efectuado de acordo com as instruções do fabricante.

4.16.1 Princípio de teste:

A placa de microtítulo foi pré-revestida com anticorpos monoclonais anti-MDA, que se ligam ao MDA presente no soro ou nos padrões do doente. Se estiver presente um complexo antigénio-anticorpo, um anticorpo monoclonal secundário anti-MDA liga-se especificamente. Este já se encontra conjugado com a enzima peroxidase de rabanete de cavalo (HRP). É iniciada uma reação de inibição competitiva entre o MDA e o MD conjugado com HRP com anticorpo pré-revestido específico para o MDA. Quanto maior for a quantidade de MDA nas amostras, menor será a ligação do anticorpo ao MDA conjugado com HRP. Após uma lavagem para remover qualquer reagente não ligado, é adicionada uma solução de substrato aos poços e a cor desenvolve-se de acordo com a quantidade de MDA nas amostras. O desenvolvimento da cor é interrompido pela adição de uma solução de paragem e a intensidade da cor é medida.

4.16.2 Procedimento de ensaio:

Antes de iniciar o ensaio, os reagentes e as amostras foram levados à temperatura ambiente e misturados suavemente. Foi preparada uma folha de trabalho ELISA e foram especificados poços para padrões, controlos e amostras. Todos os reagentes, incluindo os padrões de MDA (0,1µg/ml - 40 pg/ml); padrão 1 (0,1 µg/ml), padrão 2 (0,4 µg/ml), padrão 3 (2,0 µg/ml), padrão 4 (10,0 µg/ml) padrão 5 (40,0 µg/ml), foram levados à temperatura ambiente. As soluções de tampão de lavagem e tampão de amostra foram preparadas de acordo com as instruções do fabricante. Ambos os padrões e controlos estavam no foco prontos a usar de acordo com as instruções do fabricante. Foram adicionados 50 µl de cada amostra diluída, padrão e controlo ao poço adequado, utilizando micropipetas calibradas. Os poços em branco continham apenas água destilada e não continham qualquer amostra. Distribuíram-se 50 µl de solução conjugada com a enzima HRP em todos os poços, exceto no branco. Os poços foram misturados e a placa foi incubada durante uma hora a 37^0 C. Cada poço foi aspirado e lavado corretamente com tampão de lavagem, que foi preparado de acordo com as instruções do fabricante. Os passos foram repetidos três vezes, utilizando 200 µl de tampão de lavagem em cada poço. Utilizando uma micropipeta multicanal, adicionaram-se 50 µl de substrato A e 50 µl de substrato B a todos os poços e misturaram-se bem. A placa foi incubada no escuro durante 15 minutos a 37^0 C. A cor do poço passou a amarelo visível. Foram adicionados 50 µl de reagente de paragem a cada poço, batendo suavemente na placa para garantir a mistura. A densidade ótica de cada poço foi determinada no espaço de 10 minutos utilizando um leitor de microplacas (Mod #2100 Stat fax USA) regulado para 450 nm. A quantidade de MDA foi calculada por análise de regressão a partir da densidade ótica dos poços padrão, utilizando o software de gestão de microplacas. O relatório da curva padrão e a análise de regressão do MDA são apresentados na figura 2.

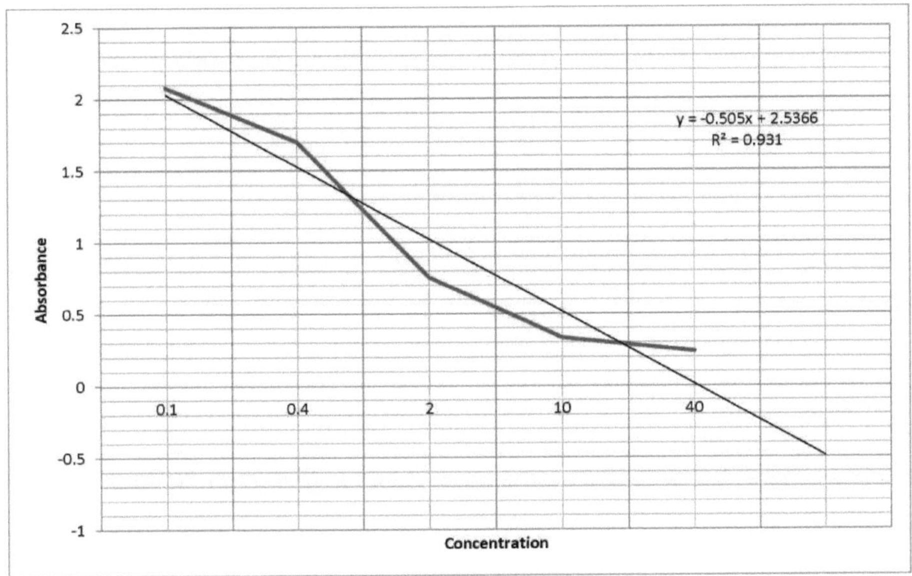

Figura 2: Relatório da curva padrão MDA ELISA

Coeficiente de correlação (valor R): 0.931

Capítulo 5

Resultados

Foi incluído neste estudo um total de trinta e dois doentes. Dezasseis (50,0%) indivíduos eram doentes com carcinoma da próstata e dezasseis (50,0%) eram controlos normais. A faixa etária dos indivíduos variou entre os cinquenta e cinco e os oitenta e cinco anos. A idade média dos indivíduos foi de 71,69 ± 6,04. A curva de distribuição normal é mostrada na Fig. 3. O intervalo de PSA foi de 7ng/ml a 187ng/ml. A média e o erro padrão da média do PSA foi de 106,02 ± 9,43 ng/ml.

No total, dezasseis doentes com carcinoma da próstata foram divididos em quatro grupos, de acordo com a classificação de Gleason do cancro da próstata. Dos dezasseis CaP, três amostras pertenciam ao grupo de cancro de grau 6 (18,8%), cinco amostras pertenciam ao grupo de cancro de grau 7 (31,2%), cinco amostras pertenciam ao grupo de cancro de grau 8 (31,2%) e três amostras pertenciam ao grupo de cancro de grau 9 (18,8%). A Figura 4 mostra as percentagens da pontuação de Gleason do cancro da próstata.

No estudo, o valor médio de MDA no doente com carcinoma da próstata foi de 19,27 ± 4,84 µg/ml e no controlo normal foi de 0,72 ± 0,02 µg/ml. A diferença entre os pacientes com CaP em comparação com o controlo normal foi estatisticamente significativa *(p=0,*002). O valor médio de MDA de cada pontuação de Gleason foi estabelecido (Tabela 2).Apenas a comparação da pontuação de Gleason 8 do carcinoma prostático foi estatisticamente significativa *(p=0,*04). As restantes pontuações de Gleason 6, 7 e 9 não foram estatisticamente significativas *(p>0,*05). A média e *os valores de p* são apresentados na Tabela 2. *O valor* de *p* do MDA entre os diferentes estádios dos doentes com carcinoma da próstata não foi estatisticamente significativo. A média e o erro padrão da média são apresentados na Tabela 3.

A otimização do mRNA do p53 foi realizada para descobrir a temperatura de recozimento ideal à qual os nossos primers (forward e reverse) se podiam ligar. Os resultados da expressão de p53 são apresentados na figura 5.

A expressão de p53 foi determinada em dezasseis doentes com CaP, bem como no grupo de controlo. A média ± DP dos doentes com CaP foi de 19,17 ± 2,6, enquanto a média ± DP do grupo de controlo foi de 14,36 ± 2,01. A expressão de p53 foi estatisticamente significativa no grupo de doentes com CaP em comparação com o grupo de controlo normal (p-valor <0,05). Verificámos a eficácia das nossas experiências de expressão de p53 por qPCR em tempo real utilizando a fórmula:

$$\text{Efficiency} = [10\ (-1/\text{Slop})] - 1$$

A eficiência das nossas experiências foi de 1,06. Para determinar a análise relativa da PCR em tempo real no grupo CaP em comparação com um indivíduo saudável normal da expressão de p53, utilizámos outra fórmula:

$$\frac{\text{Unknown}}{\text{Control}} = (1+E_{\text{target}})^{-\Delta Ct}\ {}_{\text{target (Control-Unknown)}}$$

Calculámos o número de vezes que a expressão de p53 diminuiu no grupo CaP, em comparação com indivíduos saudáveis normais, depois de determinarmos a eficiência e o valor-alvo ΔCt. Os valores médios do limiar do ciclo (CT) da expressão de p53 no grupo CaP e em indivíduos saudáveis normais são apresentados na figura 6. O valor CT da qPCR em tempo real dos nossos dados foi apresentado na figura 7, enquanto o gráfico foi apresentado na figura 8. O grupo CaP tem uma expressão 0,18 vezes mais baixa de p53 do que os indivíduos saudáveis normais.

Também correlacionámos os níveis de MDA e a expressão de p53 aplicando o SPSS 20. Ambos os parâmetros têm uma relação fraca, com um *valor de p* não significativo. Os resultados mostraram que o malondialdeído e a expressão do p53 têm uma relação inversa. Os resultados são apresentados no Quadro 4.

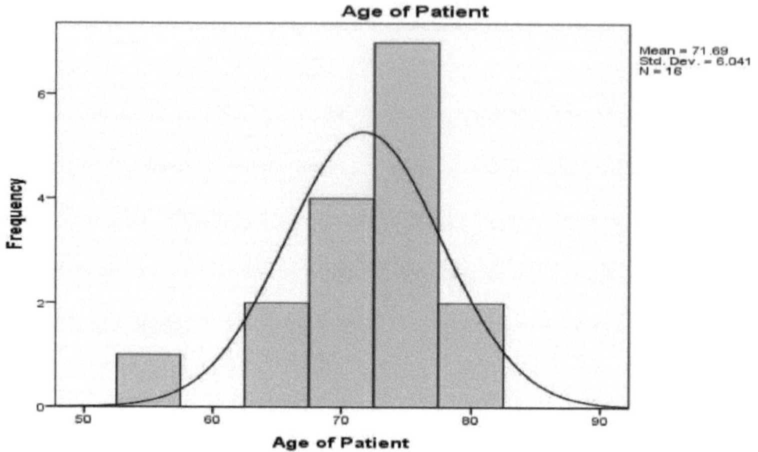

Figura 3: Distribuição normal da idade, juntamente com a média ± DP dos doentes com cancro da próstata

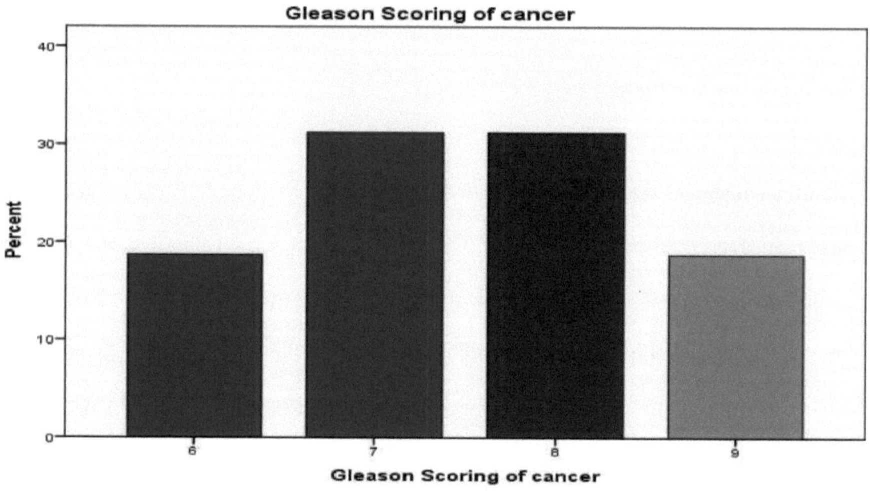

Figura 4: Percentagens da pontuação de Gleason dos doentes com carcinoma da próstata

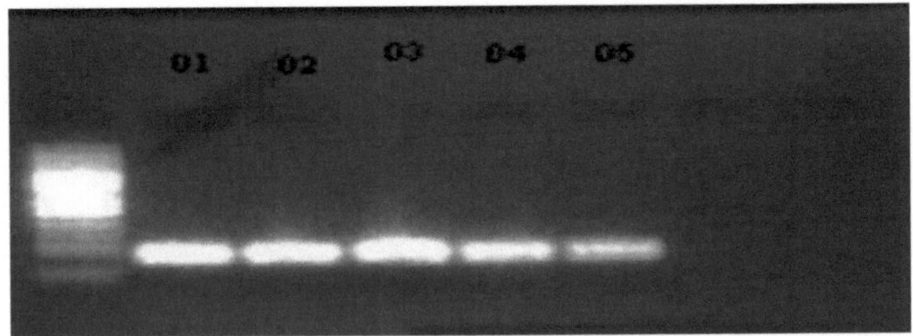

Figura 5: Padronização de primers para PCR (p53)

Padronização de primers de PCR em diferentes temperaturas de recozimento mostradas junto com o líder de 100 bp. (01) temperatura de recozimento a 55,6° C, (02) temperatura de recozimento a 55,4° C, (03) temperatura de recozimento a 55,0° C, (04) temperatura de recozimento a 54,0° C e (05) temperatura de recozimento a 52,4 C°

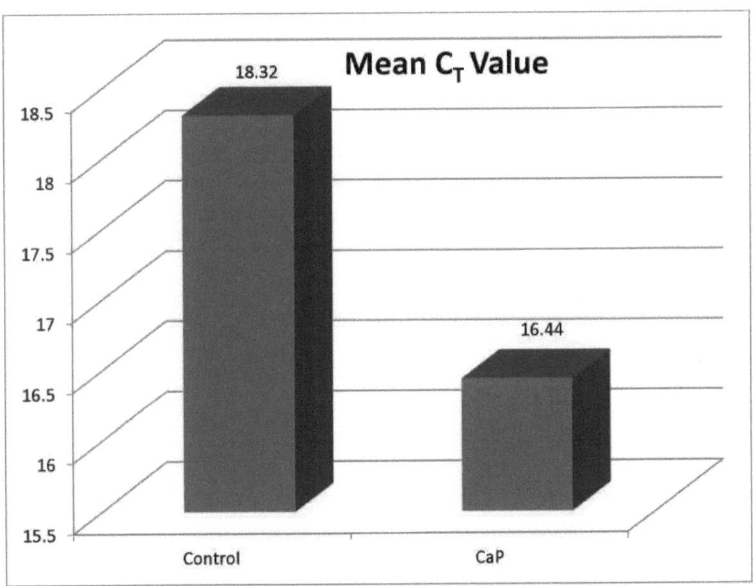

Figura 6: Valor C_T médio do grupo de controlo e do grupo CaP *(valor p* <0,05)

Views
Results Table
Analysis Settings
Protocols
Temperature
SYBR Green
Melt
FAM
Cy3
Texas Red
Cy5
Standard

Site ID	Protocol	Sample ID	Sample Type	Notes	Status	Intcltr Std/Res	Intcltr Ct	empty Std/Res	empty Ct	en Std.
A1	maria-3...	S1	UNKN		OK	POS	24.27	POS	26.60	NEG
A2	maria-3...	S1	UNKN		OK	POS	18.61	POS	20.92	NEG
A3	maria-3...	S2	UNKN		OK	POS	16.36	POS	18.27	NEG
A4	maria-3...	S2	UNKN		OK	POS	25.90	POS	30.30	NEG
A5	maria-3...	S3	UNKN		OK	POS	20.70	POS	22.80	NEG
A6	maria-3...	S3	UNKN		OK	POS	15.54	POS	17.40	NEG
A7	maria-3...	S4	UNKN		OK	POS	18.24	POS	20.69	NEG
A8	maria-3...	S4	UNKN		OK	POS	12.14	POS	14.61	NEG
A9	maria-3...	S5	UNKN		OK	POS	19.85	POS	22.31	NEG
A10	maria-3...	S5	UNKN		OK	POS	18.38	NEG	0.00	NEG
A11	maria-3...	S6	UNKN		OK	POS	14.23	POS	16.41	NEG
A12	maria-3...	S6	UNKN		OK	POS	12.82	POS	15.35	NEG
A13	maria-3...	S7	UNKN		OK	POS	20.62	POS	22.87	NEG

Figura 7: Valores de C_T dos doentes com CaP no smartcycler

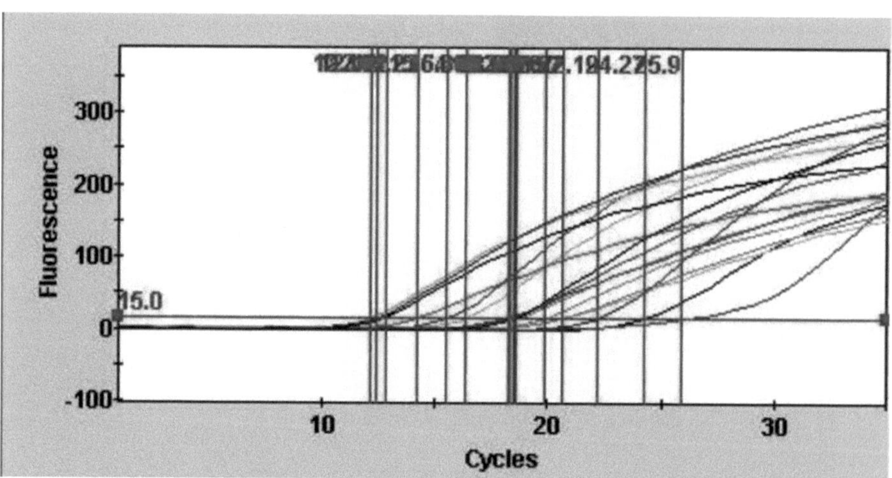

Figura 8: Gráfico que mostra os valores de C_T dos doentes com CaP por qPCR em tempo real

A fluorescência é registada no eixo Y e os ciclos no eixo X. O fundo é a fluorescência do settl5. Os valores C_T são registados quando a curva primária atravessa o limiar

Table 2: **p-value of MDA in different prostatic carcinoma patients**			
Cancer groups		**Mean ± SEM (µg/ml)**	**p-value**
Group of prostatic carcinoma patient	CaP	19.27 ±4.84	0.002*
	Normal control	0.72 ±0.02	
Group of prostatic carcinoma (Gleason score 6) patient	Gleason score 6	10.39 ± 3.97	0.052
	Normal control	0.72 ±0.02	
Group of prostatic carcinoma (Gleason score 7) patient	Gleason score 7	27.30 ± 3.59	0.098
	Normal control	0.72 ±0.02	
Group of prostatic carcinoma (Gleason score 8) patient	Gleason score 8	13.42 ± 2.75	0.044*
	Normal control	0.72 ±0.02	
Group of prostatic carcinoma (Gleason score 9) patient	Gleason score 9	20.43 ± 1.05	0.246
	Normal control	0.72 ±0.02	

*Diferença estatisticamente significativa

Table 3: *p*-value of MDA between different stages of prostatic carcinoma patients			
	CaP Groups	**Mean ± SEM (µg/ml)**	**p-value**
Group of prostatic carcinoma	Gleason score 6	10.39 ± 3.97	0.34
	Gleason score 7	27.30 ± 3.59	
	Gleason score 7	27.30 ± 3.59	0.32
	Gleason score 8	13.42 ± 2.75	
	Gleason score 8	13.42 ± 2.75	0.53
	Gleason score 9	20.43 ± 1.05	
	Gleason score 9	20.43 ± 1.05	0.46
	Gleason score 6	10.39 ± 3.97	

Table 4: Correlation between expression of p53 and MDA				
	Mean	**SD**	***p*-value**	***r* value***
Malondialdehyde	19.27	4.84	0.621	-0.14
Expression of p53	19.17	2.6		

* O valor de r é o coeficiente de correlação ou *r* de Pearson

Capítulo 6

Discussão

As células tumorais têm normalmente um estado redox desequilibrado que resulta em danos no ADN, nas proteínas e também nos lípidos. Nos nossos resultados, os níveis de MDA são significativamente elevados na população paquistanesa de carcinoma da próstata em comparação com o controlo normal. Na população israelita, os resultados foram bastante diferentes, o cancro da próstata localizado não teve um aumento estatisticamente significativo nos níveis de MDA, apenas a doença metastática do cancro da próstata teve um valor elevado estatisticamente significativo nos níveis de MDA (Yossepowitch et al., 2007). Em 2011, a população brasileira também mostrou os mesmos resultados de que os níveis de MDA não eram estatisticamente significativos com o controlo normal (Battisti et al., 2011). Em 2006, foi observado um aumento significativo do MDA na população turca (0zmen et al., 2006). Um padrão semelhante foi também encontrado tanto na população turca como na macedónia em 2009 (Arsova-Sarafinovska et al., 2009). Outro trabalho de investigação da população turca também mostrou que os níveis de MDA eram significativamente mais elevados no plasma no cancro da próstata (Guzel et al., 2012). Outro estudo demonstrou que os níveis sanguíneos de MDA eram estatisticamente elevados no cancro da próstata localizado, em comparação com o controlo normal (Dillioglugil et al., 2012).

Os nossos resultados mostraram que o nível de MDA foi significativamente elevado, mas não é significativo se compararmos a pontuação de Gleason com o controlo normal. Em doentes com carcinoma da próstata, embora os níveis de MDA no sangue fossem significativamente elevados, não se verificou o mesmo no tecido com a soma de Gleason (Dillioglugil et al., 2012).Um nível significativamente elevado de MDA foi observado na população indiana também em 2005 (Srivastava e Mittal, 2005). De acordo com o estudo de 2012, na população indiana, os níveis de MDA são significativamente mais elevados em comparação com o controlo normal (Pande et al., 2012).

O MDA pode ser utilizado como biomarcador para o cancro da próstata na população paquistanesa. O MDA não é um biomarcador útil nas diferentes pontuações de Gleason do cancro da próstata, exceto na pontuação de Gleason 8. Em 2012, verificou-se que o MDA aumentava estatisticamente com a progressão do CaP e a pontuação de Gleason (Pande et al., 2012). Devem ser planeados mais estudos sobre os níveis de MDA em diferentes pontuações de Gleason do carcinoma da próstata com um grupo populacional maior.

As ROS formaram-se em resultado do desequilíbrio redox e tiveram alguma influência a nível molecular. Danificaram o cromossoma que codificava o ARNm do p53 no grupo CaP. Verificou-se que a expressão do p53 era significativamente baixa no grupo CaP em comparação com o controlo normal. Um estudo semelhante foi efectuado em 2012, segundo o qual o estado funcional do supressor de tumores p53 era importante na progressão do CaP (Chappell et al., 2012). O p53 estava envolvido em várias vias, que estavam interligadas para a progressão do CaP. Muitos estudos revelaram que a p53 está envolvida em diferentes tipos de cancro. Muitas vias biológicas foram afectadas pela alteração do gene p53. Nos últimos anos, verificou-se também que o p53 se encontrava no centro de uma previsão significativa de vias biológicas (Sethi et al., 2013).

Foi observado em 2002 que a alteração genética estava associada ao p53 na tumorigénese da próstata. O p53 não estava alterado na próstata normal, no CaP pré-maligno e na neoplasia intra-epitelial prostática de alto grau. Foi detectado que o p53 estava geneticamente alterado no CaP histologicamente localizado e confinado a órgãos, bem como no CaP não confinado a órgãos e nas metástases à distância (Moul et al., 2002).

Os nossos resultados sugerem que a expressão de p53 estava significativamente diminuída no CaP. De acordo com os resultados das nossas experiências, o p53 pode ser utilizado como marcador biológico para o CaP. Também foram observados resultados semelhantes em 2011, que mostraram que uma expressão positiva do mRNA do p53 está envolvida no cancro da próstata (Ding etal.,2011).

No presente estudo, centrámo-nos na correlação da expressão de p53 e MDA no grupo CaP. As amostras de tecido geraram um excelente ARN, tanto a nível quantitativo como qualitativo. Embora os resultados obtidos pelos nossos dados pareçam estatisticamente não significativos, existe uma correlação inversa fraca entre a expressão de p53 e MDA no CaP. Este foi o nosso primeiro passo para descobrir o verdadeiro papel da expressão de p53 no CaP. Devem ser efectuados mais trabalhos de investigação para elucidar o mecanismo real envolvido no CaP.

Conclusão

Concluímos que o CaP é uma doença do grupo etário mais velho. Os dados mostraram que o MDA pode ser utilizado como um futuro marcador biológico do CaP após mais alguma investigação. Também parece que o MDA pode ter algum papel na progressão da doença. O nosso estudo também ilustrou uma relação significativa entre o MDA e a pontuação de Gleason 8.

Após estas experiências, chegámos à conclusão de que a PCR para o cDNA do p53 foi optimizada a uma temperatura de recozimento de 55,6° C. A expressão de p53 demonstrou que pode ser utilizada como marcador biológico, tendo diminuído significativamente no grupo CaP.

Os nossos resultados mostraram uma pequena diminuição da expressão de p53 no grupo CaP, o que indica que são necessárias mais experiências para estudar a expressão de p53. Por último, mas não menos importante, ficámos a saber que, embora exista uma correlação fraca, mas inversa, entre a expressão de p53 e MDA no grupo CaP.

Significado do estudo

O MDA pode desempenhar um papel vital na previsão da progressão do cancro da próstata, enquanto a expressão do p53 pode ser utilizada como um marcador biológico importante para o diagnóstico do CaP. A correlação inversa da expressão de p53 e MDA pode revelar-se útil no diagnóstico do CaP.

Limitações

O presente estudo foi transversal e utilizou uma amostra de conveniência de homens, o que pode limitar a representatividade da amostra. Trabalhámos com uma amostra de pequena dimensão devido ao curto período de tempo para a amostragem. Sugere-se a realização de mais trabalhos neste domínio com uma amostra de maior dimensão.

Prospeto futuro

O estudo abriu novos horizontes para a investigação no domínio do CaP. De acordo com os nossos resultados, podemos facilmente afirmar que este é o nosso primeiro passo para ajudar os médicos a diagnosticar e monitorizar a progressão do CaP, mas é necessária mais investigação para descobrir o papel do p53 no CaP com uma amostra de grandes dimensões. Devem ser efectuadas mais investigações para descobrir mais sobre a correlação inversa da expressão de p53 e MDA utilizando a pontuação de Gleason do CaP. É um tópico de estudo conveniente e essencial porque o CaP é a sexta causa mais comum de mortes em homens no Paquistão.

Referências

ANI, I., COSTALDI, M. & ABOUASSALY, R. 2013. Cancro da próstata metastático com ascite maligna: Um relato de caso e revisão da literatura. *Can Urol Assoc J, 7,* E248-50.

ARSOVA-SARAFINOVSKA, Z., EKEN, A., MATEVSKA, N., ERDEM, O., SAYAL, A., SAVASER, A., BANEV, S., PETROVSKI, D., DZIKOVA, S., GEORGIEV, V., SIKOLE, A., OZGOK, Y., SUTURKOVA, L., DIMOVSKI, A. J. & AYDIN, A. 2009. Aumento do stress oxidativo/nitrosativo e diminuição das actividades das enzimas antioxidantes no cancro da próstata. *Clin Biochem,* 42, 1228-35.

AYRES, B. E. & SOORIAKUMARAN, P. 2013. Perspectivas futuras: quem é o doente que ainda morre de cancro da próstata após o tratamento local do cancro da próstata de alto risco? Podemos prolongar as suas vidas utilizando abordagens de tratamento modernas? *Curr Opin Urol.*

BATTISTI, V., A, *, L. S. D. K. M. A., , M. D. B., A, , L. G. B. R. B., , J. C. B., , BATTISTI, I. E., C, , J. F. G. A. D., , M. M. F. D. A., , M. R. C. S., A & , V. M. M. 2011. Stress oxidativo e estado antioxidante em doentes com cancro da próstata: Relação com o score de Gleason, tratamento e metástases ósseas. *Biomedicine & Pharmacotherapy* 65,516-524.

CHAPPELL, W. H., LEHMANN, B. D., TERRIAN, D. M., ABRAMS, S. L., STEELMAN, L. S. & MCCUBREY, J. A. 2012. p53 expression controls prostate cancer sensitivity to chemotherapy and the MDM2 inhibitor Nutlin-3. *Cell Cycle,* 11, 4579-88.

CONSTANS, J. P., DE DIVITIIS, E., DONZELLI, R., SPAZIANTE, R., MEDER, J. F. & HAYE, C. 1983. Metástases da coluna vertebral com manifestações neurológicas. Revisão de 600 casos. *J Neurosurg,* 59, 111-8.

CORKUM, M., HAYDEN, J. A., KEPHART, G., URQUHART, R., SCHLIEVERT, C. & PORTER, G. 2013. Rastreio de novos cancros primários em sobreviventes de cancro em comparação com controlos sem cancro: uma revisão sistemática e meta-análise. *J Cancer Surviv.*

D'AMICO, A. V., HALABI, S., VOLLMER, R., LOFFREDO, M., MCMAHON, E., SANFORD, B.,

ARCHER, L., VOGELZANG, N. J., SMALL, E. J. & KANTOFF, P. W. 2008. p53 protein expression status and recurrence in men treated with radiation and androgen suppression therapy for higher-risk prostate cancer: a prospective phase II Cancer and Leukemia Group B Study (CALGB 9682). *Urology,* 71, 933-7.

DEAN, J. L. & KNUDSEN, K. E. 2013. O papel da desregulação do supressor de tumor na progressão do cancro da próstata. *Curr Drug Targets.*

DILLIOGLUGIL, M. O., MEKIK, H., MUEZZINOGLU, B., OZKAN, T. A., DEMIR, C. G. & DILLIOGLUGIL, O. 2012. O óxido nítrico no sangue e nos tecidos e o malondialdeído são indicadores prognósticos do cancro da próstata localizado. *Int Urol Nephrol,* 44, 1691-6.

DING, G. F., XU, Y. F., YANG, Z. S., DING, Y. L., FANG, H. F. & ZHAO, H. P. 2011. Coexpressão do mRNA BRCA1 mutado e do mRNA p53 e sua associação no cancro da próstata chinês. *Urol Oncol,* 29, 145-9.

DVORACEK, J. 1998. [Adenocarcinoma da próstata]. *Cas Lek Cesk,* 137, 515-21.

GOH, C. L., SAUNDERS, E. J., LEONGAMORNLERT, D. A., TYMRAKIEWICZ, M., THOMAS, K., SELVADURAI, E. D., WOODE-AMISSAH, R., DADAEV, T., MAHMUD, N., CASTRO, E., OLMOS, D., GUY, M., GOVINDASAMI, K., O'BRIEN, L. T., HALL, A. L., WILKINSON, R. A., SAWYER, E. J., AL OLAMA, A. A., EASTON, D. F., KOTE-JARAI, Z., PARKER, C. C. & EELES, R. A. 2013. Implicações clínicas da história familiar de câncer de próstata e perfis de polimorfismo de nucleotídeo único de risco genético (SNP) em uma coorte de vigilância ativa. *BJUInt.*

GRANT, K., LINDENBERG, M. L., SHEBEL, H., PANG, Y., AGARWAL, H. K., BERNARDO, M., KURDZIEL, K. A., TURKBEY, B. & CHOYKE, P. L. 2013. Imagem funcional e molecular do cancro da próstata localizado e recorrente. *Eur J Nucl Med Mol Imaging.*

GUZEL, S., KIZILER, L., AYDEMIR, B., ALICI, B., ATAUS, S., AKSU, A. & DURAK, H. 2012. Associação das concentrações de Pb, Cd e Se e marcadores relacionados com danos oxidativos em diferentes graus de carcinoma da próstata. *Biol Trace Elem Res,* 145, 23-32.

HUO, Q., LITHERLAND, S. A., SULLIVAN, S., HALLQUIST, H., DECKER, D. A. & RIVERA-RAMIREZ, I. 2012. Desenvolvimento de um teste de nanopartículas para a deteção do cancro da próstata. *J Transl Med,* 10, 44.

JEMAL, A., SIEGEL, R., XU, J. & WARD, E. 2010. Estatísticas do cancro, 2010. *CA Cancer J Clin,* 60, 277-300.

LIU, C., ZHU, Y., LOU, W., NADIMINTY, N., CHEN, X., ZHOU, Q., SHI, X. B., DEVERE WHITE, R. W. & GAO, A. C. 2013. O p53 funcional determina a sensibilidade ao docetaxel em células de cancro da próstata. *Prostate,* 73, 418-27.

MACBETH, F. 2008. Cancro da próstata: Diagnóstico e tratamento.

MCDOWELL, M. E., OCCHIPINTI, S., GARDINER, R. A. & CHAMBERS, S. K. 2013. Prevalência e preditores de angústia específica do cancro em homens com história familiar de cancro da próstata. *Psychooncology.*

MERENDINO, R. A., SALVO, F., SAIJA, A., DI PASQUALE, G., TOMAINO, A., MINCIULLO, P. L., FRACCICA, G. & GANGEMI, S. 2003. Malondialdeído na hipertrofia benigna da próstata: um marcador útil? *Mediators Inflamm,* 12, 127-8.

MITTAL, R. D., GEORGE, G. P., MISHRA, J., MITTAL, T. & KAPOOR, R. 2011. Papel dos polimorfismos funcionais dos genes P53 e P73 no risco de cancro da próstata num estudo de caso-controlo do Norte da Índia. *Arch Med Res,* 42, 122-7.

MOUL, J. W., MERSEBURGER, A. S. & SRIVASTAVA, S. 2002. Molecular markers in prostate cancer: the role in preoperative staging. *Clin Prostate Cancer,* 1, 42-50.

NANDE, R., GRECO, A., GOSSMAN, M. S., LOPEZ, J. P., CLAUDIO, L., SALVATORE, M., BRUNETTI, A., DENVIR, J., HOWARD, C. M. & CLAUDIO, P. P. 2013. Transferência de genes P53, Rb e P130 assistida por microbolhas em combinação com radioterapia no câncer de próstata. *Curr Gene Ther.*

OZMEN, H., ERULAS, F. A., KARATAS, F., CUKUROVALI, A. & YALCIN, O. 2006. Comparação da concentração de metais vestigiais (Ni, Zn, Co, Cu e Se), Fe, vitaminas A, C e E, e peroxidação lipídica em pacientes com cancro da próstata. *Clin Chem Lab Med,* 44, 175-9.

PANDE, D., NEGI, R., KARKI, K., DWIVEDI, U. S., KHANNA, R. S. & KHANNA, H. D. 2012. Progressão simultânea do stress oxidativo, angiogénese e proliferação celular no carcinoma da próstata. *Urol Oncol.*

PARKIN, D. M., BRAY, F., FERLAY, J. & PISANI, P. 2005. Estatísticas globais sobre o cancro, 2002. *CA Cancer J Clin,* 55,74-108.

PASCHOS, A., PANDYA, R., DUIVENVOORDEN, W. C. & PINTHUS, J. H. 2013. Estresse oxidativo no câncer de próstata: mudança de conceitos de pesquisa para um novo paradigma de prevenção e terapêutica. *Cancro da Próstata Dis.*

PATHAK, S., SINGH, R., VERSCHOYLE, R. D., GREAVES, P., FARMER, P. B., STEWARD, W. P., MELLON, J. K., GESCHER, A. J. & SHARMA, R. A. 2008. A manipulação dos androgénios altera os níveis de adutos oxidativos de ADN em células de cancro da próstata sensíveis aos androgénios cultivadas in vitro e in vivo. *Cancer Lett,* 261, 74-83.

PERRYMAN, L. A., BLAIR, J. M., KINGSLEY, E. A., SZYMANSKA, B., OW, K. T., WEN, V. W., MACKENZIE, K. L., VERMEULEN, P. B., JACKSON, P. & RUSSELL, P. J. 2006. A sobre-expressão de mutantes de p53 em células LNCaP altera o crescimento tumoral e a angiogénese in vivo. *Biochem Biophys Res Commun,* 345, 1207-14.

PIANTINO, C. B., REIS, S. T., VIANA, N. I., SILVA, I. A., MORAIS, D. R., ANTUNES, A. A., DIP, N., SROUGI, M. & LEITE, K. R. 2013. Prima-1 induz apoptose em linhagens celulares de câncer de bexiga através da ativação de p53. *Clínicas (São Paulo),* 68, 297-303.

REBILLARD, A., LEFEUVRE-ORFILA, L., GUERITAT, J. & CILLARD, J. 2013. Cancro da próstata e atividade física: Resposta adaptativa ao stress oxidativo. *Free Radic Biol Med,* 60, 115-24.

REN, D., WANG, M., GUO, W., ZHAO, X., TU, X., HUANG, S., ZOU, X. & PENG, X. 2013. O p53 do tipo selvagem suprime a transição epitelial-mesenquimal e o stemness nas células de cancro da próstata PC-3 através da modulação do miR145. *Int J Oncol,* 42, 1473-81.

SCHABERG, J. & GAINOR, B. J. 1985. Um perfil do carcinoma metastático da coluna vertebral. *Spine (Phila Pa 1976),* 10, 19-20.

SETHI, S., KONG, D., LAND, S., DYSON, G., SAKR, W. A. & SARKAR, F. H. 2013. Perfil oncogenómico molecular abrangente e análise de miRNA do cancro da próstata. *Am J Transl Res,* 5, 200-11.

SIEGEL, R., DESANTIS, C., VIRGO, K., STEIN, K., MARIOTTO, A., SMITH, T., COOPER, D., GANSLER, T., LERRO, C., FEDEWA, S., LIN, C., LEACH, C., CANNADY, R. S., CHO, H., SCOPPA, S., HACHEY, M., KIRCH, R., JEMAL, A. & WARD, E. 2012a. Tratamento do cancro e estatísticas de sobrevivência, 2012. *CA Cancer J Clin,* 62, 220-41.

SIEGEL, R., NAISHADHAM, D. & JEMAL, A. 2012b. Estatísticas do cancro, 2012. *CA Cancer J Clin,* 62, 10-29.

SITA-LUMSDEN, A., DART, D. A., WAXMAN, J. & BEVAN, C. L. 2013. MicroRNAs circulantes como potenciais novos biomarcadores para o cancro da próstata. *Br J Cancer.*

SRIVASTAVA, D. S. & MITTAL, R. D. 2005. Free radical injury and antioxidant status in patients with benign prostate hyperplasia and prostate cancer. *Indian J Clin Biochem,* 20, 162-5.

VAN BREEMEN, R. B., SHARIFI, R., VIANA, M., PAJKOVIC, N., ZHU, D., YUAN, L., YANG, Y., BOWEN, P. E. & STACEWICZ-SAPUNTZAKIS, M. 2011. Antioxidant effects of lycopene in African American men with prostate cancer or benign prostate hyperplasia: arandomized, controlledtrial. *Cancer Prev Res (Phila),* 4, 711-8.

VOGELSTEIN, B. & KINZLER, K. W. 2004. Cancer genes and the pathways they control. *Nat Med,* 10, 789-99.

VOUSDEN, K. H. & LU, X. 2002. Live or let die: the cell's response to p53. *Nat Rev Cancer,* 2, 594-604.

WOOD, L. D., PARSONS, D. W., JONES, S., LIN, J., SJOBLOM, T., LEARY, R. J., SHEN, D., BOCA, S. M., BARBER, T., PTAK, J., SILLIMAN, N., SZABO, S., DEZSO, Z.,

USTYANKSKY, V., NIKOLSKAYA, T., NIKOLSKY, Y., KARCHIN, R., WILSON, P. A., KAMINKER, J. S., ZHANG, Z., CROSHAW, R., WILLIS, J., DAWSON, D., SHIPITSIN, M., WILLSON, J. K., SUKUMAR, S., POLYAK, K., PARK, B. H., PETHIYAGODA, C. L., PANT, P. V., BALLINGER, D. G., SPARKS, A. B., HARTIGAN, J., SMITH, D. R., SUH, E., PAPADOPOULOS, N., BUCKHAULTS, P., MARKOWITZ, S. D., PARMIGIANI, G., KINZLER, K. W., VELCULESCU, V. E. & VOGELSTEIN, B. 2007. The genomic landscapes of human breast and colorectal cancers. *Science,* 318, 1108-13.

YOSSEPOWITCH, O., PINCHUK, I., GUR, U., NEUMANN, A., LICHTENBERG, D. & BANIEL, J. 2007. Advanced but not localized prostate cancer is associated with increased oxidative stress. *J Urol,* 178, 1238-43; discussão 1243-4.

ZENG, L., ROWLAND, R. G., LELE, S. M. & KYPRIANOU, N. 2004. Incidência de apoptose e expressão proteica de p53, recetor II de TGF-beta, p27Kip1 e Smad4 em próstata humana benigna, pré-maligna e maligna. *Hum Pathol,* 35, 290-7.

ZHANG, L., SHAO, N., YU, Q., HUA, L., MI, Y. & FENG, N. 2011. Associação entre o polimorfismo p53 Pro72Arg e o risco de cancro da próstata: uma meta-análise. *J Biomed Res,* 25, 2532.

ZIBZIBADZE, M., BOCHORISHVILI, I., RAMISHVILI, L., MANAGADZE, L. & KOTRIKADZE, N. 2009. Investigação das alterações dos sistemas pró- e antioxidantes no sangue de pacientes com tumores da próstata. *Georgian Med News,* 26-9.

Apêndice A

Formulário de consentimento

Número de série _____

Datado: ____________

AVALIAÇÃO DA CORRELAÇÃO ENTRE A EXPRESSÃO DE NÍVEIS DE P53 E DE MALONDIALDEÍDO NO CANCRO DA PRÓSTATA PACIENTES

Eu ---------------------------, Filho(a) ou Pai/Mãe, por este meio, ---------------------------dou a minha plena dou o meu consentimento para participar no estudo intitulado "EVALUATION OF CORRELATION BETWEEN EXPRESSION OF P53 AND MALONDIALDEHYDELEVELS IN PROSTATE CANCER PATIENTS" (Avaliação da correlação entre a expressão de P53 e os níveis de hidrogénio do maloníaco em doentes com cancro da próstata). O estudo está a ser realizado sob a supervisão do tenente-coronel Dr. Amir Rashid, professor associado do Departamento de Bioquímica e Biologia Molecular da Faculdade de Medicina do Exército de Rawalpindi. Explicaram-me o objetivo e os procedimentos do estudo. Estou disposto a participar neste estudo e a fornecer a amostra de sangue. O laboratório informar-nos-á dos resultados.

INFORMAÇÕES PESSOAIS

Nome:Idade/Sexo:

Peso: Altura:

Profissão: ____

Endereço: ____

Telefone:Nº de registo

DISPOSTO A PARTICIPAR NESTE ESTUDO: SIM

NÃO

Laboratório anterior. Resultados

1. Relatório de biopsia: ____________________________________

2. ACP ....
3. PSA ....
4. *Exame rectal digital (DRE)*....................................

5. Um procedimento de ultra-sons denominado ultrassonografia transrectal (TRUS):

Teste para detetar metástases:

6. Cintilografia óssea e radiografias..........
7. Tomografia computorizada (TC) ou ressonância magnética (RM) ....

Investigações no CREAM, AMC:

Nível MDA: ____________________

Expressão de p53: ____________________

ASSINATURA

Apêndice B

Curva de calibração para ELISA juntamente com padrões (concentração e absorvância)

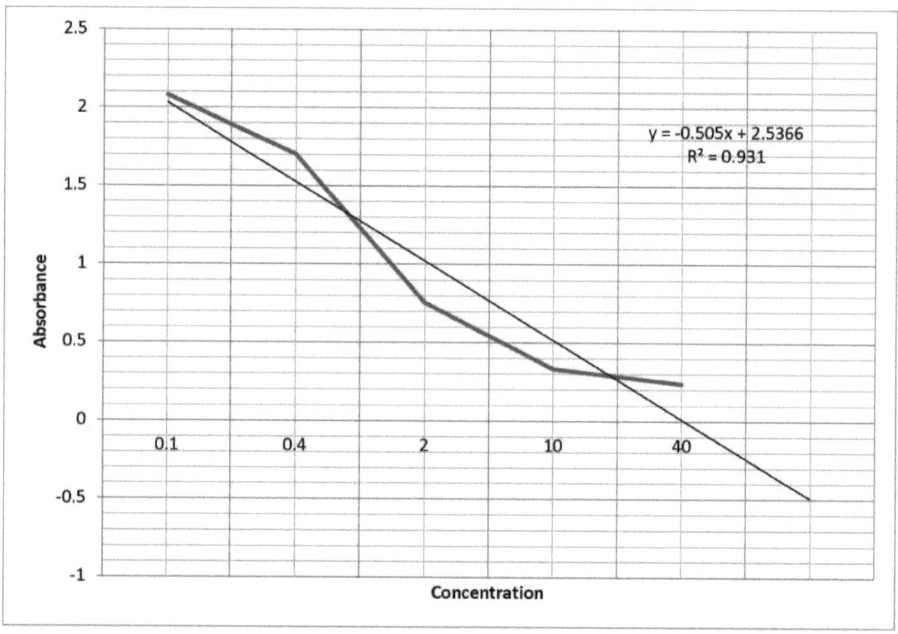

Calibrators			
Standards	Abs.	Abs. (Avarge)	Conc.
1	2.33		0.1
1	2.596	2.463	0.1
2	2.387		0.4
2	1.644	2.0155	0.4
3	1.117		2
3	1.013	1.065	2
4	0.666		10
4	0.592	0.629	10
5	0.616		40
5	0.541	0.5785	40

Apêndice C

Sequência do mRNA p53

>gi|395440630|gb|JQ694051.1| Homo sapiens isolate iPCH358_Col11 tumor suppressor p53 (TP53) mRNA, complete cds
AGACTGCCTTCCGGGTCACTGCCATGGAGGAGCCGCAGTCAGATCCTAGCGTCGAGCCCCCTNTGAGTCAGGAAACATTTTCAG
ACCTATGGAAACTACTTCCTGAAAACAACGTTCTGTCCCCCTTGCCGTCCCAAGCAATGGATGATTTGATGCTGTCCCCGGACGA
TATTGAACAATGGTTCACTGAAGACCCAGGTCCAGATGAAGCTCCCAGAATGCCAGAGGCTGCTCCCCCCGTGGCCCCTGCACC
AGCAGCTCCTACACCGGCGGCCCCTGCACCAGCCCCCTCCTGGCCCCTGTCATCTTCTGTCCCTTCCCAGAAAACCTACCAGGGC
AGCTACGGTTTCCGTCTGGGCTTCTTGCATTCTGGGACAGCCAAGTCTGTGACTTGCACGTACTCCCCTGCCCTCAACAAGATGT
TTTGCCAACTGGCCAAGACCTGCCCTGTGCAGCTGTGGGTTGATTCCACACCCCCGCCCGGCACCCGCGTCCGCGCCATGGCCA
TCTACAAGCAGTCACAGCACATGACGGAGGTTGTGAGGCGCTGCCCCCACCATGAGCGCTGCTCAGATAGCGATGGTCTGGCCC
CTCCTCAGCATCTTATCCGAGTGGAAGGAAATTTGCGTGTGGAGTATTTGGATGACAGAAACACTTTTCGACATAGTGTGGTGG
TGCCCTATGAGCCGCCTGAGGTTGGCTCTGACTGTACCACCATCCACTACAACTACATGTGTAACAGTTCCTGCATGGGCGGCA
TGAACCGGAGGCCCATCCTCACCATCATCACACTGGAAGACTCCAGTGGTAATCTACTGGGACGGAACAGCTTTGAGGTGCGTG
TTTGTGCCTGTCCTGGGAGAGACCGGCGCACAGAGGAAGAGAATCTCCGCAAGAAAGGGGAGCCTCACCACGAGCTGCCCCCA
GGGAGCACTAAGCGAGCACTGCCCAACAACACCAGCTCCTCTCCCCAGCCAAAGAAGAAACCACTGGATGGAGAATATTTCACCC
TTCAGATCCGTGGGCGTGAGCGCTTCGAGATGTTCCGAGAGCTGAATGAGGCCTTGGAACTCAAGGATGCCCAGGCTGGGAAG
GAGCCAGGGGGGAGCAGGGCTCACTCCAGCCACCTGAAGTCCAAAAAGGGTCAGTCTACCTCCCGCCATAAAAAACTCATGTTC
AAGACAGAAGGGCCTGACTCAGACTGACATTCTCCACTTCTTGTTCCCCACTGACAGCCTCCCACCCCCATCTCTCCCTCCCCTG
CCATTTT

2222 TCCAGTGGTAATCTACTGGGACGGAACAGCTTTGAGGTGCGTGTTTGTGC 850 2 --
----

gi|395440630|gb|JQ694051.1| CTGTCCTGGGAGAGACCGGCGCACAGAGGAAGAGAATCTCCGCAAGAAAG 900 2 ----------
--------GCGCACAGAGGAAGAGAATC------------ 20

ATATTTCACCCTTCAGATCCGTGGGCGTGAGCGCTTCGAGATGTTCCGAG 1050 2 ---
GAG 3 ***

gi|395440630|gb|JQ694051.1| AGCTGAATGAGGCCTTGGAACTCAAGGATGCCCAGGCTGGGAAGGAGCCA 1100

2 AGCTGAATGAGGCCTTG--

it will amplify about 200 bp from cDNA so it seems correct.

Printed by Books on Demand GmbH, Norderstedt / Germany